U0043724

超可愛羊毛氈
口金包

Felt in Love with
Kiss-Lock Purse

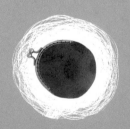

MeiLinLin
author

目錄

Contents

Chapter 1
愛上羊毛氈口金包
Let's Felt in Love

06——馬卡龍項鍊

07——超迷你格紋鑰匙圈

08——點點口金零錢包

09——小小水餃零錢包

10——愛心天使零錢包

11——橫紋漸層化妝包

12——三色直紋側背包

13——星光點點零錢包

14——多功能竄色筆盒

15——撞色反折斜挎包

16——立體花飾淑女包

17——閃閃時尚手拿包

Chapter 2

濕氈
Wet Felting

20——什麼是濕氈 *What is Wet Felting?*

22——材料 *Materials*

24——工具 *Tools*

26——基本技法 *Basic Techniques*

Chapter 3

開始製作
Let's Start Wet Felting!

53——其他作品欣賞 *Other Works*

57——作者 *Author*

Chapter 1

Let's

Felt in Love

愛上羊毛氈
口金包

01 how to- p.38

馬卡龍項鍊

02 how to- p.39

超迷你格紋
鑰匙圈

03

how to‑ p.40

點 點 口 金
零 錢 包

04
how to— p.41

小小水餃零錢包

05

how to— p.42

愛心天使
零錢包

06 how to– p.44

橫紋漸層化妝包

07

how to— p.45

三色直紋側背包

08

how to— p.46

星光點點
零錢包

09 how to— p.47

多用途竄色筆盒

10

how to– p.48

撞 色 反 折 斜 挎 包

11
how to- p.50

立體花飾
淑女包

16

12
how to— p.52

閃閃時尚
手拿包

Chapter 2

Wet Felting

濕氈

What is Wet Felting?
什麼是濕氈

相信大家都曾有將毛衣不慎丟入洗衣機攪洗脫水後，

取出時卻發現，它已縮小成只能給寵物穿，

但又硬梆梆不適穿的經驗，

濕氈就是利用羊毛易氈縮、易塑型的特性，

將羊毛縱橫交織包覆於我們設定好的版型※上，

灑上皂液，肉眼所無法看見的毛鱗片便會張開，

接著經由外力的摩擦及搓揉，

毛鱗片便會開始相互糾結和收縮，

形成氈化現象，在無需縫合的情況下，

一體成形的作品就呈現在我們眼前！

※濕沾版型設定

由於濕氈是利用羊毛緊縮氈化的特性，因此版型與成品會有尺寸上的差異。依羊毛氈作品種類的不同，兩者間的「縮率」也各異，其中袋子、包包類的差異度是1.8倍，也就是確定成品尺寸後，乘上1.8倍即為版型應有的大小。

Materials

材 料

1 **羊毛及羊毛片**：羊毛及羊毛片有各種不同的顏色可選擇，建議選用纖維較細的羊毛種類，本書所有口金包的包體皆選用易氈又易縮的美麗諾羊毛，搭配薄片羊毛作為圖案。

2 **口金**：口金有方形、圓形、拱形及桃心等，各有不同的口徑尺寸及顏色。

3 **其他五金配件**：鍊頭、皮帶夾、扣環、皮革等。

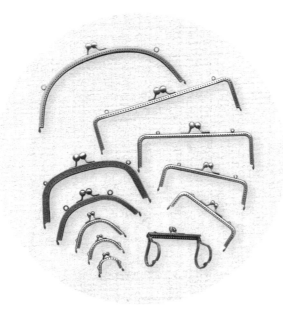

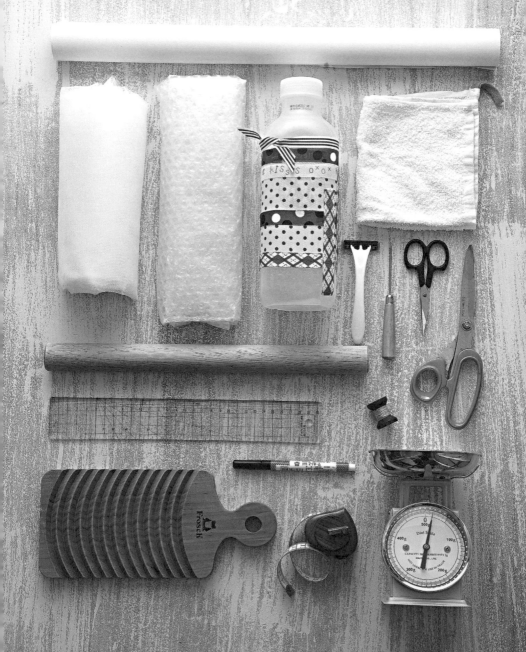

1 **水瓶**：用錐子在保特瓶蓋上打5～6個小洞，再裝入肥皂水使用。

2 **肥皂水**：以3～5cc沐浴乳加500cc清水調成，不建議使用較不易起泡沫的抗菌或中性洗劑。

3 **氣泡紙**：作為版型及進行表面氈化時，用來摩擦網布。

4 **網布**：進行氈化時，鋪蓋在羊毛表層，可以固定底下的羊毛。

5 **防水布及毛巾**：製作濕氈作品時，先鋪上防水布，以免弄濕桌面。毛巾可在撕毛及鋪毛前，用來擦乾雙手，或是進行氈縮時，吸去多餘的水分。

6 **油性筆、尺、事務剪刀及線剪**：用來描畫、測量、剪裁版型，尖細的線剪則可用來剪開口金包的開口。

7 **磅秤**：用來秤羊毛的重量。

8 **錐子、縫針及縫線**：縫合包體及口金時，可用錐子輔助，將羊毛邊緣戳入口金凹槽裡。縫針要選比較細短的，這樣在縫合口金轉彎處時，較好使用；縫線用一般的縫衣線雙股即可。

9 **拋棄式刮鬍刀**：可用來修整作品表面不平整的羊毛。

10 **擀麵棍及洗衣板**：力道較小的人可使用擀麵棍輔助搓揉及施力，洗衣板可增加阻力，使羊毛不易滑動。

Basic Techniques
基本技法

Step 1

準備版型及網布

以油性筆在氣泡紙平滑面上畫出版型後，沿線剪下，再依照版型的形狀剪裁一片網布。版型邊緣再多留5～10cm，就是網布的尺寸。

Step 2

備毛

秤好要用的毛料，對折找出中心點。雙手由中心點往外移10～15cm處，輕輕向左右兩邊施力，將毛料均勻撕成2等份。（右圖為毛量很少時的分法）

鋪毛

1　保持雙手乾燥，用大拇指根部及食指、中指、無名指指腹輕輕夾住向外拉扯撕毛。撕毛時，兩手維持10～15cm寬的距離，保持雙手力道一致，才能每次都撕出約10～15cm長的等量片狀羊毛。

> *tips* 若撕毛時邊緣參差不齊，請先將凸出的羊毛拉出鋪好，再繼續撕毛。

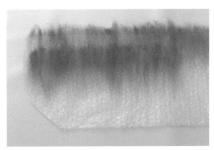

2　撕下的毛直鋪在版型上，羊毛要凸出版型邊緣1～1.5cm。第一排鋪完後繼續鋪第二排，上下排羊毛應重疊3~5cm。重複這個動作，直到鋪滿整個版型為止。

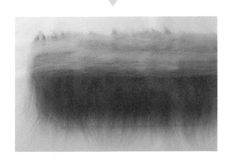

3　第一層羊毛鋪滿後繼續鋪第二層，這次是橫鋪羊毛，使上下層的羊毛絲向縱橫交錯。如此層層相疊，直到鋪完第一份毛料為止，最後手上剩下的些微毛料可鋪於毛層較稀疏處。

> *tips* 上下層的羊毛絲向只要角度不同即可，並非一定要呈直角交錯。

包覆版型

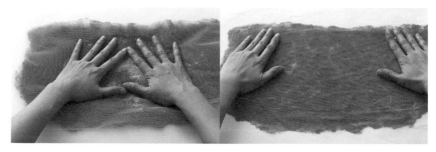

1 在羊毛上蓋上網布，灑上肥皂水，用兩手手掌按壓羊毛，務必讓肥皂水均勻地擴散到整片羊毛，順著表層的羊毛絲向由中心向外按壓，擠出空氣及多餘的水分。

2 輕輕掀開網布，將整塊羊毛連同版型一起翻面，把凸出版型邊緣的羊毛向內收折。

3 重複上述的步驟，將剩下的另一份羊毛依序包住版型。

氈化羊毛表面

1 蓋上網布，用一小塊氣泡紙隔著網布，順著表層的羊毛絲向輕輕摩擦羊毛片。每摩擦30～40下便要掀開網布，以避免網布和羊毛揪結住或產生毛球。這個步驟重複3～4次即可。

2 試著以食指和大拇指拉扯羊毛表面，若羊毛如上圖般被拉起，就要繼續摩擦氈化，若是羊毛被整片帶起，就表示已氈化完成。兩面的羊毛都氈化完成後，再來加強邊緣部分的氈化處理。務必要在正反兩面的邊緣（兩片羊毛的交接處）確實進行這個步驟（下圖）。

縮小及塑型

1　表面氈化完成後，接著進行縮小及塑型。將邊緣處捲起，如搓洗衣物般輕輕搓揉後再推回原位，沿著羊毛邊緣確實重複這個動作，就可以確保做出來的口金包邊緣平順均勻。同樣地，兩面的邊緣都要進行這個步驟。要修飾邊緣不平整的地方，只要在該處多搓揉幾下即可。

2　反覆搓揉幾次後就，會明顯感受到羊毛氈片逐漸縮小且緊實。等到整體縮小1/3左右時，就可以在預定縫合口金的地方，用線剪剪開一個小口，取出版型。

3 　取出版型後，繼續加強手掌的力道，將羊毛橫向及縱向反覆捲起施壓滾動搓揉，力
　　道較小的人可以利用**擀麵棍**來輔助搓揉。反覆進行前述動作，直到羊毛片縮到預設
　　的尺寸即可。若是作品有立體的角度（袋底和袋身側邊），可於此時塑出角度。

4 　將泡沫沖洗乾淨後用力擰乾，再把作品調整回原來的
　　形狀，在羊毛氈微濕的狀態下，依照口金尺寸剪開原
　　先預設的開口，即可立即與口金縫合。注意，開口剪
　　到口金的左右邊最後一個縫合孔即可，切勿剪過頭。

縫合口金

1 將口金左右兩端的關節暫時固定縫合在作品開口的兩端。

2 羊毛氈片正面中心點與口金中心點對齊，由外向內下第1針，將線頭藏於羊毛與口金之間，接著第2針由內向外，從前一針的出針處，對齊口金中心的孔入針往外縫。

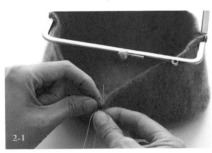

2-1

2-2

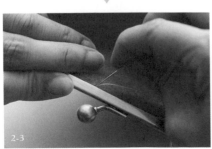

2-3

2-4

3 以平針縫先往口金左邊縫合，到
底時再回頭往右縫合，再倒縫回
一開始的中心點收針。

平針縫

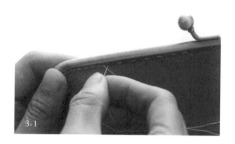

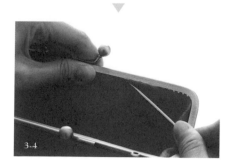

tips 縫合口金與包體時，可利用錐子輔
助，將羊毛塞入口金凹槽裡。

縫合口金

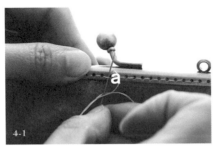

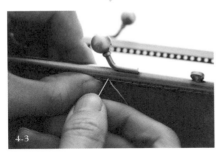

4 收針時先挑起a處的線，往針上繞兩
圈後拉緊，從打結處往洞口入針，使
線結隱藏於口金與羊毛之間，再自出
針處斜刺回正面，剪掉多餘的線，使
線頭隱藏於羊毛內。

5 包體與口金緊密縫合後，就可以拆掉一開始用來固定口金關節的縫線。稍微調整口金包的形狀，再靜置於陰涼處晾乾。

Other

其他技法：球體製作

1 準備2撮羊毛，1撮鋪於桌面，1撮充分浸濕捲緊實後，置於鋪好的羊毛上。

2 以乾羊毛包覆已經緊實的濕羊毛，捲成球形，如搓湯圓般用手指輕輕搓揉。待球體表面氈化後，再移往手掌處漸漸增加力道。將整顆球用力丟在桌面上，若羊毛氈球能夠彈三下，即表示已氈縮完成。

Chapter 3

Let's Start

Wet Felting !

開 始 製 作

暖洋洋的冬陽透窗而來，

這樣悠閒的週末，總是讓人有想動手做些什麼的衝動。

溫暖的毛料準備齊全，口金也挑好了，還等什麼呢？

閉上眼深深地呼吸，指尖傳來溫柔的觸感，

是的，就從那個作品開始吧！

01
Macaron Necklace
馬卡龍項鍊

完成尺寸：6cm

材料 *Materials*

直徑11cm圓形氣泡紙…………1張
網布………………………………1張
口徑5cm圓口金……………………1個
A色羊毛（馬卡龍主體）………3～4g
B色羊毛（馬卡龍夾心）………0.3g
羊毛氈球、其他五金配件等

作法 *Practice*

1 將A色羊毛均分成兩份，進行鋪毛及包覆版型。兩面都完成後，將B色羊毛呈細長條狀放置於圓形下緣。

2 進行表面氈化。在氈化B色羊毛的部分時，力道要輕柔，以確保圖案不會變形及移位。

3 進行縮小及塑型。取出版型後，繼續縮小及塑型至預設大小。

4 縫合羊毛及口金，塞入氣泡紙及網布來塑型。作品晾乾後，裝上五金配件及羊毛氈球，便完成**馬卡龍項鍊**。

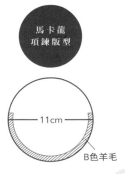

馬卡龍
項鍊版型

11cm

B色羊毛

02
Mini Tartan Keyring
超迷你格紋鑰匙圈

完成尺寸：7×4.5cm

材料 *Materials*

12.5×8×切角2cm 方形氣泡紙……1張
網布……………………………………1張
口徑4cm拱形口金…………………1個
A色羊毛………………………………3～4g
B、C、D色羊毛…………………共0.5g
鑰匙圈等五金配件

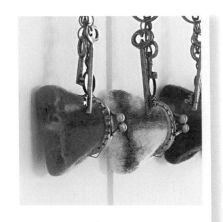

作法 *Practice*

1 進行鋪毛與包覆版型。先將A色羊毛均分成兩份鋪毛於版
   型上，再將B、C、D色羊毛呈細長條狀鋪毛上。

2 進行表面氈化。碰到圖案部份時，力道要較輕柔，以確
   保圖案不變形、不移位。

3 進行縮小及塑型處理。整體縮減1/3時，剪開預設的開口
   處，取出版型，繼續縮小及塑型至預設大小。

4 縫合羊毛及拱形口金，並做最後的調整及塑型。作品晾
   乾後，裝上鑰匙圈及飾品，便完成**超迷你格紋鑰匙圈**。

超迷你格紋
鑰匙圈版型

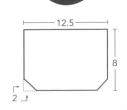

03
Polka Dot Purse
點點口金零錢包

完成尺寸：直徑9.5cm

材料 *Materials*

直徑17cm圓形氣泡紙……………1張
網布…………………………………1張
口徑8.5cm圓形口金………………1個
A色羊毛……………………………15g
B色羊毛片……………………………3g
皮革及其他五金配件

作法 *Practice*

1　進行鋪毛與包覆版型。A色羊毛均分成兩份，分別鋪在
　　版型的兩面，再鋪上剪成大小不一的B色羊毛圓片。

2　繼續進行表面氈化。碰到圓片時，力道要輕柔些，以
　　確保圖案不變形、不移位。

3　進行縮小及塑型處理。取出版型後，繼續縮小及塑型
　　至預設大小。

4　縫合羊毛及圓形口金，塞入氣泡紙及網布塑型。作品
　　晾乾後，裝上五金配件，便完成點點口金零錢包。

點點口金
零錢包版型

17cm

04
Mini Hobo Purse
小小水餃零錢包

完成尺寸：11.5×7cm

材料 *Materials*

42.5×20.5×12.5×切角4cm

梯形氣泡紙··························1張
網布·····························1張
口徑8.5cm圓形口金·············1個
羊毛····························13g

作法 *Practice*

1 進行鋪毛與包覆版型。請注意，版型上方1/3排（近口金處）鋪的毛量要較下方來得薄。

2 進行表面氈化、縮小及塑型處理。取出版型後，將羊毛縮小至預定之作品尺寸。

3 袋口先縮縫至12cm寬（a），再與口金縫合。縫合後可用手指捏塑出明顯的皺摺（b），作品晾乾後，便完成小小水餃零錢包。

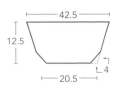

小小水餃
零錢包版型

42.5

12.5

20.5

4

05
Lovely Heart Angel Purse
愛心天使零錢包

完成尺寸：12.5×10cm

材料 *Materials*

愛心： 22.5×18cm氣泡紙⋯⋯⋯⋯⋯1張

翅膀： 6×20cm氣泡紙⋯⋯⋯⋯⋯2張

網布⋯⋯⋯⋯⋯⋯⋯⋯⋯⋯⋯⋯⋯1張

口徑6cm圓形口金⋯⋯⋯⋯⋯⋯⋯1個

A色羊毛⋯⋯⋯⋯⋯⋯⋯⋯⋯⋯⋯⋯⋯20g

B色羊毛⋯⋯⋯⋯⋯⋯⋯⋯⋯⋯⋯⋯⋯1g

C色羊毛⋯⋯⋯⋯⋯⋯⋯⋯⋯⋯⋯⋯⋯7g

皮革及其他五金配件

作法 *Practice*

1 A色羊毛均分成兩份，進行鋪毛與包覆版型。收折邊緣的羊毛時，可如圖將毛剪開至離版型0.5～1cm處，比較好收邊。再取B色羊毛，如版型圖示鋪在其中一面版型上，作為裝飾。

2 將C色羊毛均分成兩份鋪在2張翅膀版型上（只鋪單面即可，不需包覆版型）。注意，翅膀根部的羊毛只要修剪整齊即可，不需向內收折。

3 氈合翅膀及愛心。把完成的翅膀放在愛心上，藉由磨擦使翅膀根部及愛心氈化結合（a），翅膀內側與愛心接合的部分，也要確實地氈化（b）。

4 進行氈化、縮小及塑型。先後摩擦氈化翅膀及愛心，最後對整件作品進行氈化、縮小及塑型處理。

5 進行氈化、縮小及塑型處理。

6 取出版型後，縫合羊毛與口金，塞入氣泡紙及網布塑型。作品晾乾後，裝上五金配件，便完成**愛心天使零錢包**。

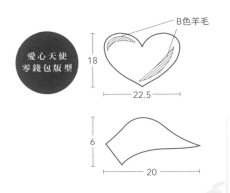

愛心天使零錢包版型

B色羊毛

18

22.5

6

20

06
Gradient Cosmetic Bag
橫紋漸層化妝包

完成尺寸：19×12cm

材料 *Materials*

34×20×切角6.5cm方形氣泡紙………1張
網布……………………………………1張
口徑12cm方形口金…………………1個
A色羊毛………………………………20g
B色羊毛………………………………20g

作法 *Practice*

1 將A、B色羊毛各均分成兩份後，進行鋪毛與包覆版
型。先從版型上方開始鋪A色毛，鋪滿一半換B色毛，
如此重復好幾層，直到鋪完第一份毛料為止。

2 翻面將邊緣突出的羊毛向內折收，繼續照1的方式鋪
兩色羊毛。第二面毛鋪完後，翻面要收齊邊緣的羊毛
前，要讓兩面的毛色對齊再收邊。

3 進行表面氈化、縮小及塑型處理。取出版型後，將羊
毛縮小至預定之作品尺寸。

4 縫合羊毛及口金，並做最後的調整及塑型。作品晾乾
後，便完成**橫紋漸層化妝包**。

橫紋漸層
化妝包版型

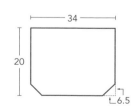

07

Candy Floss Shoulder Bag

三色直紋側背包

完成尺寸：28×16cm

材料 *Materials*

50×25×切角8.5cm方形氣泡紙⋯⋯⋯1張
網布⋯⋯⋯⋯⋯⋯⋯⋯⋯⋯⋯⋯⋯1張
口徑18cm方形口金⋯⋯⋯⋯⋯⋯⋯1個
A、B、C色羊毛⋯⋯⋯⋯⋯⋯⋯⋯各20g
（A色2.5g×8；B色5g×4；C色10g×2）
皮革及其他五金配件

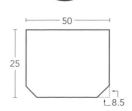

作法 *Practice*

1 進行鋪毛與包覆版型。第一層鋪毛順序如圖a，第二層
  橫向鋪毛的順序如圖b，直到兩面都鋪完為止。

2 進行表面氈化、縮小及塑型處理。取出版型後，將羊
  毛縮小至預定之作品尺寸。

3 縫合羊毛及口金，並做最後的調整及塑型。

4 作品晾乾後，裝上五金，便完成**三色直紋側背包**。

**三色直紋
側背包版型**

50

25

8.5

08

Starry Starry Clutch

星光點點零錢包

完成尺寸：18×10cm

材料 *Materials*

32.5×18×切角7cm 方形氣泡紙⋯⋯⋯1張
網布⋯⋯⋯⋯⋯⋯⋯⋯⋯⋯⋯⋯⋯1張
口徑10cm桃心口金⋯⋯⋯⋯⋯⋯⋯1個
羊毛⋯⋯⋯⋯⋯⋯⋯⋯⋯⋯⋯⋯⋯25g
同氣泡紙大小的金蔥亮片布⋯⋯⋯2片

作法 *Practice*

1　進行鋪毛與包覆版型。將一片亮片布（亮面）朝下鋪
　　在版型上，於其上鋪一半的羊毛，鋪完翻面。注意，
　　翻面後先放亮片布（亮面朝下），把突出邊緣的羊毛
　　向內反折後，再鋪上另一半的羊毛。

2　進行表面氈化、縮小及塑型處理。取出版型後，繼續
　　將羊毛縮小至預定之作品尺寸後，翻出亮片面。

3　縫合羊毛及口金，並做最後的調整及塑型。縫合後，
　　將袋口側面邊緣剪去約0.3cm的高度。

4　作品晾乾後，便完成**星光點點零錢包**。

星光點點
零錢包版型

```
   ├─── 32.5 ───┤
   ┌──────────────┐
   │              │
18 │              │
   │              │
   └─┐          ┌─┘
      └──────────┘
               ┊↕
               └ 7
```

09

Multifunction Pencil Case

多用途竄色筆盒

完成尺寸：20×7×5cm

材料 *Materials*

45×21.5×切角4.5cm方形氣泡紙…1張
網布……………………………………1張
口徑20cm方形口金………………1個
A色羊毛……………………………30g
B色羊毛……………………………30g
皮革及其他五金配件

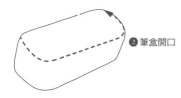

❷筆盒開口

作法 *Practice*

1 進行鋪毛與包覆版型。先鋪一份A色羊毛，完成後翻面，將邊緣的毛收折好，繼續鋪第二份A色羊毛。用同樣方式處理B色羊毛。

2 進行表面氈化、縮小及塑型處理。縮小至完成尺寸時，依上圖剪開開口，取出版型後，塑出筆盒的四個角落（參考第31頁）。

3 縫合羊毛與口金，並做最後的調整及塑型。作品晾乾後，裝上五金配件，便完成多用途竄色筆盒。

多用途竄色筆盒版型

```
        ┌ 4.5
        ┌┐↵
       ╱    ╲
21.5  │      │
       ╲    ╱
        └────┘
     └── 45 ──┘
```

竄色是指上下層羊毛氈縮時，不同顏色互相竄結，形成特殊的調和色彩。

10
Clashing Folded Shoulder Bag
撞色反折斜挎包

完成尺寸：39×33cm

材料 Materials

包體版型

長方形＋梯形氣泡紙（如圖示）……1張

口袋版型 22×13cm氣泡紙…………1張

網布…………………………………1張

方形口金（口徑25cm及12cm）………各1

A色羊毛………………………………60g

B色羊毛…………105g（50g×2；5g×1）

其他五金配件

撞色是指使用對比強烈的色彩，以製造出搶眼的視覺效果。

作法 *Practice*

1　B色羊毛5g交織鋪於口袋版型上（只鋪單面即可，不需包覆版型），修整邊緣後進行氈化，但不需縮小，完成後暫置一旁備用。

2　在包體版型上鋪A色及B色羊毛。注意，袋身拗折處的毛量要鋪薄一些。這個作品的上下段顏色不同，請參考第44頁橫紋漸層化妝包的鋪毛方式。

3　將1的口袋置中於距包體邊緣0.5～1cm處，將口袋上半部與袋身氈化結合，下半部留下足夠與小口金縫合的高度（不需氈化），完成後再對整個包體進行氈化處理。注意，口袋內面也要確實氈化才行喔！

4　作品縮小約至接近作品尺寸時，剪開袋口取出版型，縫合包體與大口金，小口金一邊與口袋縫合，另一邊則與袋身縫合。縫合完畢，再做最後的調整及塑型。

5　作品晾乾後，裝上五金，便完成撞色反折斜拷包。

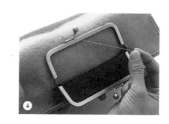

撞色反折
斜拷包版型

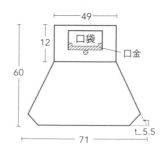

11

Floral Deco Lady Bag

立體花飾淑女包

完成尺寸：36×24.5cm

材料 *Materials*

包包版型

65×44×切角7.5cm 方形氣泡紙……1張

荷葉邊版型 56×12cm氣泡紙………1張

網布……………………………1張

口徑25cm圓形口金……………1個

A色羊毛…………83g（40g×2；3g×1）

B色羊毛…………90g（40g×2；10g×1）

皮革其他五金配件

作法 *Practice*

1 先取B色羊毛10g交織鋪於荷葉邊版型上（只鋪單面即可，不需包覆版型），再取A色羊毛3g薄鋪於最上層，並預留2撮A色羊毛備用。進行粗略的氈化處理後，將這個荷葉條暫置一傍備用。

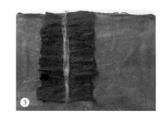

2 將剩餘的2份B色羊毛鋪毛包覆於包包版型上，再鋪2份40g的A色羊毛。

3 將1的荷葉條放在袋身一側，上緣靠齊袋身最上端，下緣則距袋身底部約7.5cm處，做出荷葉邊皺折。

4 取1預留的2撮A色羊毛鋪於荷葉條中央，仔細摩擦，確保荷葉條中央與下層的包體確實氈合，荷葉邊反面也要翻開來仔細氈化，尤其是與袋身疊合處。

5 對整個作品進行縮小及塑型處理，取出版型後，將羊毛縮小至預定之作品尺寸。

5 縫合羊毛及口金，並做最後的調整及塑型。作品晾乾後，裝上五金，便完成**立體花飾淑女包**。

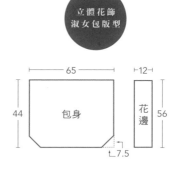

立體花飾
淑女包版型

12
Shiny Shiny Clutch
閃閃時尚手拿包

完成尺寸：20×7×5cm

材料 *Materials*

45×21.5×切角4.5cm方形氣泡紙………1張
網布………………………………1張
口徑20cm方形口金………………1個
A、B色羊毛…………………各30g
金蔥亮片布…………………約1尺
金屬手環及其他五金配件

作法 *Practice*

1　進行鋪毛與包覆版型。將亮片布剪成大小不等的三角形約14片，取7片亮面朝下置於版型上，在上面隨機鋪上A及B色羊毛各半份，完成後翻面。鋪上剩下的亮片布，收邊後，繼續隨機鋪上剩下的半份A、B色羊毛。

2　進行表面氈化、縮小及塑型處理。參考第31頁步驟3作法，塑出手拿包的4個角。縮小至完成尺寸後，依上圖剪開預定的開口處，取出版型將正面翻出。

3　縫合口金，並做最後的調整及塑型。

4　作品晾乾後，裝上五金配件，便完成閃閃時尚手拿包。

閃閃時尚
手拿包版型

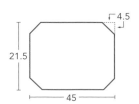

21.5　　45　　4.5

MeiLinLin

author

纖維藝術創作家

自學習羊毛氈後，就著迷於濕氈的可能性及可塑性，同時具有台灣羊毛氈推廣協會的針氈及濕氈師資資格，現為羊毛氈手創館濕氈專任老師。作品用色大膽，造形多變，非常擅長於結合羊毛與異材質的複合媒材創作。

曾接受自由時報、東京ef流行飾品、樂手作雜誌、TVBS及非凡電視台等媒體採訪，並參加2009/2010台灣設計師週展覽，且獲得2012經濟部工業局第11屆袋包設計比賽創意設計獎。

超可愛
羊毛氈口金包

MeiLinLin

洗搓搓即可完成一體成形的濕氈口金包

國家圖書館出版品預行編目(CIP)資料

超可愛羊毛氈口金包——洗搓搓即可完成
一體成形的濕氈口金包／林美玲著. -- 初
版. -- 臺北市：積木文化出版：家庭傳媒城
邦分公司發行, 民102.01
64面；15×19公分

ISBN 978-986-5865-03-0(平裝)

1.手提袋 2.手工藝
426.7   101027327

著　　者／林美玲
責任編輯／向艷宇

發 行 人／凃玉雲
總 編 輯／王秀婷
行銷業務／黃明雪、陳志峰

出　　版／積木文化
　　　　　104台北市民生東路二段141號5樓
　　　　　電話：(02) 2500-7696｜傳真：(02) 2500-1953
　　　　　官方部落格：http://cubepress.com.tw
　　　　　讀者服務信箱：service_cube@hmg.com.tw、service@cubepress.com.tw

發　　行／英屬蓋曼群島商家庭傳媒股份有限公司城邦分公司
　　　　　台北市民生東路二段141號2樓
　　　　　讀者服務專線：(02)25007718-9　　24小時傳真專線：(02)25001990-1
　　　　　服務時間：週一至週五上午09:30-12:00、下午13:30-17:00
　　　　　郵撥：19863813　　戶名：書虫股份有限公司
　　　　　網站：城邦讀書花園 www.cite.com.tw
香港發行所／城邦（香港）出版集團有限公司
　　　　　香港灣仔駱克道193號東超商業中心1樓
　　　　　電話：852-25086231｜傳真：852-25789337
　　　　　電子信箱：hkcite@biznetvigator.com
馬新發行所／城邦（馬新）出版集團
　　　　　Cité (M) Sdn. Bhd. (458372U)
　　　　　11, Jalan 30D/146, Desa Tasik, Sungai Besi,
　　　　　57000 Kuala Lumpur, Malaysia.
　　　　　電話：603-90563833｜傳真：603-90562833

照 片 提 供@MeiLinLin：p.18、p.29（右下）、p.36、p.53、p.55（左上&右下）、p.57（右上）
美 術 設 計／曲文瑩
製 版 印 刷／中原造像股份有限公司

城邦讀書花園
www.cite.com.tw

Printed in Taiwan

2013年（民102）1月29日初版一刷
版權所有‧不得翻印
ALL RIGHTS RESERVED

售價／399元
版權所有‧翻印必究
ISBN：978-986-5865-03-0

廣告回函
台灣北區郵政管理局登記證
台北廣字第000791號
免貼郵票

積木文化

104 台北市民生東路二段141號2樓

英屬蓋曼群島商家庭傳媒股份有限公司 城邦分公司

地址

姓名

請沿虛線剪下裝釘,謝謝!

CubeBlog
cubepress.com.tw

CubeZests
facebook.com/CubeZests

CubeBooks
cubepress.com.tw/books

積木生活實驗室
部落格、facebook、手機app
隨時隨地,無時無刻。

編號:VG0069	書名:超可愛羊毛氈口金包

積木文化　讀者回函卡

積木以創建生活美學、為生活注入鮮活能量為主要出版精神。出版內容及形式著重文化和視覺交融的豐富性，出版品項囊括健康與心靈、占星研究、藝術設計、時尚文化、珍藏鑑賞、品飲食譜、手工藝、繪畫學習等主題，為了提升出版品質，更了解您的需要，請填下您的寶貴意見並將本卡寄回（免付郵資），我們將不定期於積木書目網更新最新的出版與活動資訊。

1. 購買書名：_____

2. 購買地點：
   □書店，店名：_____，地點：_____縣市　□書展　□郵購
   □網路書店，店名：_____　□其他_____

3. 您從何處得知本書出版？
   □書店　□報紙雜誌　□DM書訊　□廣播電視　□朋友　□網路書訊　□其他_____

4. 您對本書的評價（請填代號　1非常滿意　2滿意　3尚可　4再改進）
   書名_____　內容_____　封面設計_____　版面編排_____　實用性_____

5. 您購買本書的主要原因（可複選）：□主題　□設計　□內容　□有實際需求　□收藏
   □其他_____

6. 您購書時的主要考量因素：（請依偏好程度填入代號1～7）
   □作者　□主題　□口碑　□出版社　□價格　□實用　□其他_____

7. 您習慣以何種方式購書？□書店　□劃撥　□書展　□網路書店　□量販店　□其他_____

8. 您偏好的叢書主題：
   □品飲（酒、茶、咖啡）　□料理食譜　□藝術設計　□時尚流行　□健康養生　□繪畫學習
   □手工藝創作　□蒐藏鑑賞　□建築　□科普語文　□其他_____

9. 您對我們的建議：
   _____
   _____
   _____

10. 讀者資料：（以下資料僅作為積木文化分析讀者群需求用）
    性別：□男　□女　　居住地：□北部　□中部　□南部　□東部　□離島　□國外地區
    年齡：□15歲以下　□15-20歲　□20-30歲　□30-40歲　□40-50歲　□50歲以上
    教育程度：□碩士及以上　　□大專　□高中　□國中及以下
    職業：□學生　□軍警　□公教　□資訊業　□金融業　□大眾傳播　□服務業
    □自由業　□銷售業　□製造業　□家管　□其他_____
    月收入：□20,000以下　□20,000-40,000　□40,000-60,000　□60,000-80000　□80,000以上